AF348126

RÉUNION AGRICOLE

D'EVESHAM

DISCOURS

DE S. A. R. MGR. LE DUC D'AUMALE

BRUXELLES

CHEZ LES PRINCIPAUX LIBRAIRES

1863

BRUXELLES
TYPOGRAPHIE DE M. WEISSENBRUCH
Rue du Musée, 7.

RÉUNION AGRICOLE

D'EVESHAM

DISCOURS

DE S. A. R. MONSEIGNEUR LE DUC D'AUMALE.

Le 23 de ce mois a eu lieu la réunion agricole d'Evesham, comté de Worcester. Cette réunion était présidée par S. A. R. Mgr le duc d'Aumale. A la fin du banquet, le prince s'est levé au milieu d'applaudissements prolongés et a prononcé en langue anglaise le discours suivant :

« Je me lève maintenant pour vous proposer ce qu'on nomme le toast du jour, et, en commençant cette partie des devoirs qui incombent à votre président, je dois avouer que j'éprouve quelque embarras. Car, bien que je me sois toujours intéressé à l'agriculture, bien que j'en aie observé l'état et ce que j'appellerai volontiers les traits caractéristiques, partout où j'ai été, je ne puis pas me présenter à vous comme un agriculteur, et en même temps vous savez tous que je suis un étranger. Je ne puis pas vous parler avec l'autorité du noble pair [1], des membres du parlement [2] qui sont près de moi, et qu'unissent à votre comté, de vieux liens de famille et de bons services politiques ou sociaux ; d'autre part, je suis absolument incapable de déployer ces connaissances pratiques qui appartiennent à plus d'un éminent agriculteur que j'aperçois dans cette assemblée. Ainsi, messieurs, je vous parlerai comme un étranger, mais laissez-moi aussi ajouter comme un ami sincère. (*Applaudissements prolongés.*)

[1] Lord Norwick.
[2] M. Holland, sir Edwin Fletcher, sir Thomas Winnington.

« Messieurs, ce premier de tous les arts, qui est la profession de la plupart de mes auditeurs, ne peut pas être pratiqué dans le monde entier d'après les mêmes procédés. Le climat, les lois, les mœurs, le tempérament et la répartition de la population, ses besoins et ses goûts, la division de la propriété, doivent avoir et ont, en effet, partout une grande influence sur la manière dont l'homme cultive la terre et en tire ces innombrables produits, mis à notre disposition par la munificence du Créateur. Par la nature de votre climat, par votre position géographique, vous avez été conduits à appliquer votre habileté et votre énergie à deux points principaux : la culture des céréales, l'élève et l'engraissement du bétail. Sans doute, il y a des exceptions ; mais je crois avoir le droit de dire que les deux grands objets de l'agriculture anglaise sont la production du pain et la production de la viande. Vous avez marché dans cette direction avec cette ténacité, cette concentration de volonté qui est l'un des traits caractéristiques de votre race ; vous avez été bien servis par les circonstances, et vous avez atteint dans ces deux branches si importantes un degré d'avancement qui peut être et qui sera certainement encore dépassé, mais qui, généralement parlant, ne l'a pas encore été en dehors de cette île. C'est pour cette raison, que votre agriculture est un sérieux objet d'observation et d'étude pour beaucoup d'économistes et d'hommes pratiques étrangers. Un de mes amis, M. de Lavergne, en a donné un tableau bien exact, dans un livre extrêmement remarquable ; l'*Agriculture anglaise*, qui a même été traduit dans votre propre langue, et une bonne revue de vos expériences et de vos réunions agricoles, la *Revue agricole de l'Angleterre,* est publiée périodiquement en français. Je vais moi-même essayer de vous indiquer quelques-uns des traits de votre agriculture qui frappent l'étranger en visite dans ce pays. (*Applaudissements.*)

« Le premier est la nature de vos bâtiments de ferme, réduits au strict nécessaire et bien moins étendus que ce qui serait jugé indispensable sur le continent, pour le même nombre d'acres labourés et cultivés de même. Je crois que cette pratique est sage et qu'il y faut persévérer : elle économise un capital qui peut être plus avantageusement placé d'autre manière. Toutefois, sur ce chapitre des bâtiments, il y a un progrès qui est très-nécessaire et dont on a beaucoup parlé récemment. Je fais allusion aux logements de vos ouvriers des campagnes. Bien que la population rurale de ce pays soit, en moyenne, mieux vêtue, mieux nourrie et mieux logée que dans beaucoup d'autres contrées, il est certain que, dans bien des endroits, les chaumières n'ont pas été améliorées en proportion des améliorations introduites dans le château du propriétaire ou dans la maison du fermier. (*Longs applaudissements.*) Je suis heureux de dire, que dans ce voisinage beaucoup a été fait dans ce sens; mais il reste encore beaucoup à faire, et, comme l'accroissement du bien-être des ouvriers des campagnes est l'un des buts de cette société, comme il y a là un devoir commun aux propriétaires et aux fermiers, et comme le résultat doit, à la longue, profiter à tous, je pense que c'est là un objet digne de votre constante considération. (*Applaudissements.*)

« Un autre fait qui étonne beaucoup d'économistes étrangers, c'est que le sol a été porté à un très-haut degré de culture dans beaucoup de parties de ce pays où il est occupé sous le système du fermage annuel (*yearly tenure*) ou du fermage facultatif (*tenure at will*), sans baux, sans arrangements précis entre le propriétaire et le fermier. S'il y a là un défaut, vous y avez suppléé par cette bonne foi, cette confiance mutuelle qui, heureusement, unit ici les différentes classes. (*Applaudissements.*) Pourtant le succès ne vous a pas rendus sourds à la voix du progrès. La question des droits du propriétaire et du fermier (*landlord and tenant's right*) a été souvent examinée dans cette société et a été récemment soumise à votre attention particulière par l'un de nos amis, dans le jugement, l'expérience et l'équité duquel j'ai la plus grande confiance. J'ai entre les mains les termes du contrat, préparé par votre comité spécial. Je n'ai point à donner une opinion sur les diverses clauses de ce projet de code. Mais je crois que tout arrangement qui sera jugé pratique et qui conduira à augmenter les impenses dans la culture, en donnant plus de garanties au capital placé dans la terre, sera un pas fait dans la bonne voie. (*Applaudissements.*) Il en pourra résulter de nouvelles complications ; plus de précautions, plus d'inventaires pourront devenir nécessaires qu'avec le système du bail verbal ou du bail écrit ordinaire. Mais la carabine qui arme vos soldats n'est-elle pas un instrument plus compliqué que le vieux fusil de munition? (*Rires.*) La charrue à vapeur, les diverses machines qu'on emploie dans vos fermes sont assurément moins simples que le primitif *aratrum,* que Virgile décrit dans ses beaux vers et que j'ai vu à l'œuvre, exactement comme l'a peint l'immortel auteur des *Géorgiques,* sous les grands oliviers de la

Sicile ou dans les plaines de l'Algérie. (*Applaudissements.*)

« J'ai parlé de la charrue à vapeur, et ceci m'amène à un autre point, à l'application des procédés industriels et scientifiques à l'agriculture. Je lisais l'autre jour dans l'excellent discours prononcé à Newcastle par sir William Armstrong, que l'Angleterre a tiré l'an dernier de ses mines 84 millions de tonnes de houille, qui, transformées en chaleur, représentent le travail de plus de cent millions de chevaux. Ainsi, l'Angleterre seule répand chaque année sur la surface de la terre, une masse de charbons qui représente le travail de cent millions de chevaux, et de chevaux qui n'ont pas besoin d'être nourris. Eh bien, j'espère que l'agriculture réclamera chaque année, pour ses propres besoins, une proportion plus grande de cette immense quantité de puissance productive, qui se nourrit elle-même. C'est en prenant sur une plus large échelle sa part de cette force presque incommensurable, que l'agriculture pourra accroître sa production, qu'elle pourra satisfaire à cette demande toujours croissante, résultat de l'activité industrielle de notre temps et des progrès du bien-être général, qu'elle pourra marcher du même pas que l'industrie dans la voie du progrès pour le bien de l'humanité. (*Applaudissements.*)

« L'emploi de la vapeur et des engrais artificiels répond à un double objet. Quand les bras sont rares, on trouve là le moyen de suppléer à ce qui manque. Quand on peut trouver des bras et que le capital ne fait pas défaut, il est, je crois, admis aujourd'hui que l'emploi de ces auxiliaires ne réduit pas, mais augmente au contraire la demande et la rétribution du travail de l'homme ; il donne alors le moyen, avec le secours de l'homme et du capital, de tirer de la terre des produits plus abondants, pour lesquels il n'est pas douteux, au taux actuel du progrès de l'industrie et du commerce, qu'on trouvera toujours aisément des débouchés. Lorsque je considère quels progrès ont été faits dans les cinquante dernières années, grâce à la simple adoption d'un meilleur assolement, je suis porté à croire que si l'emploi d'une puissante force productive additionnelle se généralise, le résultat sera plus d'emploi et de meilleurs salaires pour le travailleur, plus de profits pour le fermier, même, à la longue (et pour n'oublier personne), un revenu plus élevé pour le propriétaire (*rires*); enfin plus de richesse et de prospérité pour l'ensemble de la communauté. (*Longs applaudissements.*)

« En ce qui regarde des institutions semblables à celle-ci, qui, par une compétition pacifique, stimulent l'activité et l'énergie de toutes les classes d'agriculteurs, qui amènent de salutaires contacts, qui fournissent une occasion pour l'échange des idées, pour d'utiles comparaisons, je suis heureux de dire qu'elles existent maintenant en maints endroits et qu'elles y produisent, comme ici, les meilleurs résultats. Mais sur ce point même je dois signaler une circonstance particulière à ce pays, je veux dire le caractère non officiel d'une réunion de cette nature.

Vous faites vos affaires vous-mêmes (*applaudissements*) ; vous n'avez pas besoin d'une assistance ou d'une intervention supérieure, et je crois que, tout considéré, les avantages de cette pratique sont plus grands que ses inconvénients. On me contait l'autre jour que dans une réunion telle que celle-ci, tenue dans une ville dont j'aime mieux taire le nom, un de mes amis qui présidait ayant dit quelque chose qui ne convenait pas exactement à un haut fonctionnaire présent, se vit tout à coup interrompu dans son discours par un formidable roulement de tambours. (*Rires.*) Eh bien, vous ne réclamez ni ne craignez ici rien de ce genre, et si quelque orateur violait ouvertement quelqu'une de vos règles, ou sortait des limites de ses droits oratoires, vous sauriez parfaitement le rappeler vous-mêmes à l'ordre. (*Rires*). Bien, comme je l'ai dit, que les lois et les mœurs ne peuvent être partout les mêmes, j'espère que sur ce point, comme sur quelques autres, votre exemple sera chaque jour plus suivi à l'étranger. J'espère surtout que tout le

monde sera de plus en plus convaincu que
les premières conditions de toute bonne
agriculture sont : paix, sécurité et liberté.
(*Longs applaudissements.*) Messieurs, la vie
que j'ai menée m'a habitué à être souvent
au grand air. J'aime à traverser vos champs
en suivant une compagnie de perdreaux, si
sauvages qu'ils soient, et je me hasarde à
courir un lièvre ou un renard, même sur
vos collines de lourde argile. Quand je vois
devant moi un beau champ de *turneps* ou
de betteraves, cette vue me réjouit, non-
seulement parce que je sais que les perdrix
y tiendront mieux, mais parce que j'y trouve
la preuve d'une bonne culture. (*Rires et applaudissements.*)

« Les jours où il fait bon chasser, quand
je sens un sol élastique sous les pas de mon
cheval, je suis enchanté, non-seulement de
voir que je peux mieux suivre les chiens,
mais de savoir que l'argile a été grillée et le
sol bien drainé. Quand j'ai à franchir, au
lieu d'une haie sauvage, une haie bien dres-
sée, je suis certainement content d'avoir de-

vant moi un obstacle moins dangereux, mais je remarque aussi avec plaisir une amélioration agricole. (*Applaudissements.*) Et quand, au moment du déjeuner ou durant un défaut, je rencontre un joli cottage ou une ferme commode, ce n'est pas seulement la pinte de cidre ou le verre de sherry qui rafraîchit mon gosier brûlant, c'est le spectacle du bien-être et du bonheur, c'est l'hospitalité du joyeux campagnard qui charme mon cœur. (*Applaudissements prolongés.*)

« J'espère que chaque année je trouverai dans ce voisinage des haies plus droites, une terre plus propre, des champs mieux drainés, de meilleures récoltes, de plus beau bétail, plus de charrues à vapeur (bien qu'elles effarouchent les chevaux), des cottages plus confortables, un peuple plus heureux. C'est parce que je crois que cette société a fait beaucoup et fera encore davantage pour amener tous ces perfectionnements, que je fais des vœux pour son succès et sa prospérité. (*Applaudissements.*)

« Ainsi donc, messieurs, je remplis mon

verre avec ce que je crois pouvoir appeler, avec ce que je suis fier d'appeler un produit agricole de ma joyeuse et bien-aimée patrie ; un produit que, je puis le dire, les hommes du Worcestershire avec toute leur habileté ne sauraient jamais tirer de leur sol ; et, en dépit de ce que j'ai dit, espérant qu'aucun procédé industriel n'a contribué à la préparation de ce vin que je veux appeler de confiance, un compatriote de bon aloi, je bois à la prospérité de la société agricole de la vallée d'Evesham. »

Le prince s'est assis au bruit des salves d'applaudissements et de hourras prolongés. Chacun a pu apprécier la remarquable facilité avec laquelle S. A. R. s'est exprimée dans une langue étrangère et les saines appréciations que renferme ce remarquable discours, sur les progrès agricoles, sur l'économie politique et sur la science du gouvernement et de l'administration.

(Extrait de l'Étoile belge, 28 septembre 1863.)